Ruby Jindal

Sinfonia Celestial: Uma Exploração da Astrologia

Ruby Jindal

Sinfonia Celestial: Uma Exploração da Astrologia

ScienciaScripts

Cover image: www.ingimage.com

This book is a translation from the original published under ISBN 978-620-7-65169-6.

Publisher:
Sciencia Scripts
is a trademark of
Dodo Books Indian Ocean Ltd. and OmniScriptum S.R.L publishing group

120 High Road, East Finchley, London, N2 9ED, United Kingdom
Str. Armeneasca 28/1, office 1, Chisinau MD-2012, Republic of Moldova, Europe
Printed at: see last page
ISBN: 978-620-7-73447-4

Índice

Prefácio

A astrologia, uma prática tão antiga como a própria civilização, faz a ponte entre o cosmos e a alma humana. Ao olharmos para as estrelas, lembramo-nos do nosso lugar no universo e da dança intemporal que liga todos os seres vivos. Este livro, "Celestial Symphony: Uma Exploração da Astrologia", é um convite para mergulhar na rica tapeçaria da sabedoria astrológica, recorrendo a tradições antigas e a conhecimentos modernos.

Num mundo em que a ciência e a espiritualidade parecem muitas vezes em desacordo, a astrologia oferece uma mistura única de ambas, encorajando uma visão holística da existência. Quer seja um astrólogo experiente ou um recém-chegado curioso, este livro pretende fornecer uma compreensão abrangente dos princípios da astrologia, desde as suas raízes históricas até às suas aplicações práticas na vida quotidiana.

O ressurgimento do interesse pela astrologia nos últimos anos revela um anseio coletivo por significado e ligação. Numa época dominada pela tecnologia e pela mudança rápida, muitos procuram consolo e orientação nas estrelas, encontrando nelas um espelho das suas próprias paisagens interiores. O ressurgimento da astrologia não é apenas uma tendência, mas um testemunho da sua relevância e poder duradouros.

Ao percorrer estas páginas, deparar-se-á com a intrincada mecânica do zodíaco, o significado das posições planetárias e a arte de interpretar um mapa natal. Aprenderá sobre a profunda influência dos aspectos celestes e a natureza dinâmica da astrologia preditiva. Mais do que um simples guia técnico, este livro explora as dimensões filosóficas e psicológicas da astrologia, oferecendo uma apreciação mais profunda do seu papel na transformação pessoal e colectiva.

Por

Dr. Ruby Jindal

(Universidade K.R. Mangalam, Gurugram, Haryana, Índia)

Introdução

A astrologia, a antiga prática de interpretar os movimentos e as posições dos corpos celestes, tem fascinado a humanidade há milénios. Enraizada na crença de que o cosmos exerce uma profunda influência sobre as nossas vidas, a astrologia mistura arte, ciência e intuição para fornecer informações sobre a personalidade, o destino e a interconexão do universo.

O fascínio do cosmos

Desde os primórdios da história humana, o céu noturno tem sido uma fonte de maravilha e mistério. As civilizações antigas observavam as estrelas, os planetas e os fenómenos celestes, desenvolvendo sistemas complexos para compreender os seus movimentos e significados. O céu, com o seu quadro em constante mudança, tornou-se uma tela cósmica na qual os humanos projectaram os seus mitos, esperanças e questões sobre a existência.

A base da Astrologia

A astrologia é mais do que uma coleção de observações sobre as estrelas; é um sistema profundo que procura compreender a relação entre os acontecimentos celestes e as experiências humanas. A base da astrologia assenta no princípio de "como em cima, assim em baixo", sugerindo que o macrocosmo dos céus se reflecte no microcosmo das nossas vidas. Este conceito implica que o universo está interligado e que os acontecimentos a uma escala cósmica podem refletir ou influenciar acontecimentos a nível pessoal.

A fusão da arte, da ciência e da intuição

A astrologia é uma mistura única de disciplinas. Requer a precisão e os cálculos matemáticos da astronomia para traçar com exatidão as posições dos corpos celestes. Ao mesmo tempo, exige as capacidades interpretativas de um artista para compreender o simbolismo e o significado por detrás dessas posições. A intuição também desempenha um papel crucial, uma vez que os astrólogos têm de sintetizar informações complexas e fornecer conhecimentos que ressoem a um nível profundo e pessoal.

Percepções sobre a personalidade e o destino

Um dos aspectos mais atraentes da astrologia é a sua capacidade de fornecer informações sobre a personalidade e o destino de cada pessoa. Ao examinar um mapa natal, que mapeia as posições do Sol, da Lua, dos planetas e de outros pontos celestes no momento exato do nascimento, os astrólogos podem oferecer um retrato detalhado do carácter, dos pontos fortes, dos desafios e do percurso de vida de uma pessoa. Este mapa cósmico personalizado pode iluminar as tendências e o potencial inatos de cada um, orientando os indivíduos para a auto-consciência e o crescimento pessoal.

A interconexão do universo

A astrologia enfatiza a interconexão de todas as coisas. Sugere que não somos entidades isoladas, mas sim parte de uma vasta e intrincada teia de relações cósmicas. Os movimentos dos planetas e das estrelas são vistos como influenciando, e sendo influenciados, pelos ritmos da vida na Terra. Esta perspetiva promove um sentido de unidade e ligação, lembrando-nos que as nossas vidas estão interligadas com o universo maior.

Uma viagem no tempo e na cultura

A rica história da astrologia atravessa várias culturas e épocas. Dos zigurates da antiga Babilónia aos templos do Egipto, dos filósofos da Grécia aos estudiosos da Europa medieval, a astrologia tem sido um fio condutor constante no tecido da civilização humana. Cada cultura contribuiu com as suas próprias interpretações e inovações, criando um campo diversificado e dinâmico que continua a evoluir.

A relevância da Astrologia na atualidade

Na sociedade contemporânea, a astrologia está a experimentar um ressurgimento. As pessoas estão a voltar-se para as estrelas em busca de orientação, procurando respostas para as grandes questões da vida e procurando formas de navegar nas complexidades da vida moderna. A astrologia oferece uma estrutura para compreender a mudança e encontrar significado no meio da incerteza, tornando-a uma ferramenta valiosa para a transformação pessoal e colectiva.

Capítulo 1: As origens da Astrologia

O nascimento de uma língua cósmica

A astrologia, enquanto prática, é tão antiga como a própria civilização. As suas origens remontam aos primeiros esforços da humanidade para compreender o universo e o seu lugar no mesmo. Entre os primeiros praticantes de astrologia conhecidos encontram-se os babilónios, por volta de 2000 a.C.. É-lhes frequentemente atribuído o desenvolvimento do primeiro sistema astrológico formalizado, que lançou as bases para as tradições astrológicas que se lhe seguiram.

Os babilónios: Pioneiros da Astrologia

Os babilónios observavam meticulosamente os movimentos dos corpos celestes e registavam as suas posições. Reconheciam padrões e correlações entre estes movimentos celestes e os acontecimentos terrestres. Com o tempo, desenvolveram um sistema que associava configurações celestes específicas a resultados particulares na Terra. Esta proto-astrologia era usada principalmente para fins agrícolas e políticos, ajudando a prever mudanças sazonais e eventos significativos que poderiam afetar o governante e o Estado.

O zodíaco babilónico, dividido em doze partes iguais, cada uma associada a uma constelação específica, é uma das suas contribuições mais duradouras. Esta divisão do céu lançou as bases para os signos do zodíaco ainda hoje utilizados na astrologia. O seu sistema também incluía a criação de efemérides, tabelas com a lista das posições dos corpos celestes em vários momentos, que eram cruciais para fazer previsões astrológicas.

Os egípcios: Culto celestial e influência

Partindo das fundações babilónicas, os egípcios refinaram ainda mais os conceitos astrológicos e integraram-nos na sua própria e rica tradição de culto celestial. Os egípcios sentiam-se profundamente fascinados pelas estrelas, em particular pela ascensão helíaca de Sirius, que anunciava a inundação anual do Nilo e era fundamental para a sua agricultura.

A contribuição egípcia para a astrologia inclui o desenvolvimento de decanos, um sistema que divide o zodíaco em trinta e seis segmentos de dez graus. Cada decanato estava associado a divindades específicas e era utilizado nas suas complexas práticas astrológicas e mágicas. Os egípcios também enfatizavam a importância do Sol e da sua viagem através do zodíaco, que associavam aos faraós divinos e à vida após a morte.

Os gregos: Filósofos e astrólogos

A civilização grega, particularmente durante o período helenístico, desempenhou um papel fundamental na evolução da astrologia. Os gregos foram profundamente influenciados pelos conhecimentos astrológicos dos babilónios e dos egípcios, que encontraram através do comércio e da conquista. Sintetizaram estas tradições com as suas próprias investigações filosóficas e científicas, resultando numa estrutura astrológica mais sistemática e abrangente.

A influência da filosofia grega

Os gregos integraram a astrologia nas suas ricas tradições filosóficas, procurando compreender o cosmos não apenas através da observação empírica, mas também através da razão e da teoria. Esta síntese é talvez melhor exemplificada por Cláudio Ptolomeu, um matemático, astrónomo e astrólogo greco-romano cujo trabalho se tornou uma pedra angular da astrologia ocidental.

O Tetrabiblos de Ptolomeu: Um texto seminal

O *Tetrabiblos* de Ptolomeu, escrito no século II d.C., é um dos textos astrológicos mais influentes de todos os tempos. Nesta obra, Ptolomeu pretendia fornecer uma base racional para a astrologia, baseando-se nos conhecimentos astronómicos que delineou na sua obra anterior, o *Almagesto*. O *Tetrabiblos* apresenta sistematicamente os princípios da astrologia, incluindo o significado dos planetas, signos, casas e aspectos.

A abordagem de Ptolomeu foi profundamente influenciada pela tradição filosófica grega, particularmente pelas ideias de Platão e Aristóteles. Ele via o cosmos como um sistema ordenado e interligado, governado por leis naturais, onde os movimentos das estrelas e dos planetas podiam ser estudados e compreendidos em relação aos assuntos humanos. A sua ênfase na observação empírica e na análise lógica ajudou a elevar a astrologia de uma arte mística para uma disciplina mais respeitada e sistemática.

O legado da astrologia helenística

A integração da astrologia com a filosofia grega durante o período helenístico teve um impacto duradouro no desenvolvimento do pensamento astrológico. Os gregos introduziram muitos conceitos que permanecem centrais para a astrologia, como a distinção entre astrologia natal e horária, e o uso de aspectos planetários para interpretar as relações entre corpos celestes.

A influência da astrologia grega estendeu-se muito para além do período helenístico, moldando as tradições astrológicas do Império Romano e, mais tarde, do mundo islâmico e da Europa medieval. Os textos gregos foram traduzidos e preservados por estudiosos árabes, que refinaram ainda mais as técnicas astrológicas e as integraram nos seus próprios avanços astronómicos. Esta rica tapeçaria de intercâmbio cultural assegurou que a astrologia continuasse a evoluir, absorvendo e adaptando-se a novos conhecimentos e ideias.

Conclusão

As origens da astrologia estão profundamente enraizadas nas antigas civilizações da Babilónia, Egipto e Grécia. Cada uma destas culturas deu contributos significativos para o desenvolvimento da astrologia, transformando-a de uma coleção de observações num sistema de conhecimento complexo e coerente. Os gregos, em particular, desempenharam um papel crucial na integração da astrologia com a investigação filosófica, lançando as bases para as tradições astrológicas que persistiram e floresceram ao longo dos séculos.

Ao continuarmos a nossa exploração da astrologia neste livro, basear-nos-emos nestas fundações históricas, examinando como os princípios antigos foram adaptados e expandidos nos tempos modernos. A viagem pelas origens da astrologia não só destaca a duradoura busca humana pela compreensão do cosmos, mas também prepara o terreno para apreciar a natureza rica e multifacetada da prática astrológica atual.

Capítulo 2: O Zodíaco: Um círculo celestial

A astrologia, com a sua rica tapeçaria de símbolos e significados, gira em torno do conceito do zodíaco. Esta cintura celeste, dividida em doze segmentos, serve de base à interpretação astrológica, orientando a nossa compreensão da personalidade, do comportamento e do destino. Neste capítulo, vamos aprofundar os meandros do zodíaco, explorando as características únicas de cada signo e os elementos e modalidades subjacentes que moldam a sua expressão.

Compreender o Zodíaco

O zodíaco é uma faixa do céu situada a cerca de 8° a norte ou a sul da eclítica, a trajetória aparente do Sol na esfera celeste ao longo do ano. Esta cintura está dividida em doze partes iguais, cada uma abrangendo 30° de longitude celeste. Estas divisões são conhecidas como signos do zodíaco, cada um com o nome da constelação que historicamente aparecia nesse segmento do céu. Os doze signos do zodíaco são Áries, Touro, Gémeos, Câncer, Leão, Virgem, Libra, Escorpião, Sagitário, Capricórnio, Aquário e Peixes.

Cada signo está associado a um conjunto específico de traços, comportamentos e tendências, oferecendo uma estrutura para a compreensão das diversas expressões da natureza humana. O zodíaco começa com Áries no Equinócio da primavera e prossegue através dos outros signos numa sequência específica, cada um trazendo a sua própria energia e influência.

Carneiro (21 de março - 19 de abril)

Áries, o primeiro signo do zodíaco, é simbolizado pelo Carneiro. Regido por Marte, o planeta da ação e do desejo, Carneiro caracteriza-se pelo seu espírito pioneiro, coragem e energia dinâmica. Os nascidos sob este signo são frequentemente vistos como líderes, movidos pela necessidade de iniciar e correr riscos. Possuem um entusiasmo juvenil e uma natureza competitiva, sempre prontos a enfrentar os desafios de cabeça erguida.

Touro (20 de abril - 20 de maio)

Touro, simbolizado pelo Touro, é regido por Vénus, o planeta do amor e da beleza. Este signo está associado à estabilidade, à sensualidade e a uma profunda apreciação do mundo físico. Os taurinos são conhecidos pela sua paciência, determinação e fiabilidade. Valorizam o conforto e a segurança, procurando frequentemente construir uma base sólida tanto na sua vida pessoal como profissional.

Gémeos (21 de maio - 20 de junho)

Gémeos, representado por Gémeos, é regido por Mercúrio, o planeta da comunicação e do intelecto. Este signo caracteriza-se pela sua adaptabilidade, curiosidade e sociabilidade. Os geminianos são versáteis e de raciocínio rápido, com uma capacidade natural para se relacionarem com os outros e trocarem ideias. Desenvolvem-se bem em ambientes que oferecem variedade e estimulação mental.

Cancro (21 de junho - 22 de julho)

Câncer, simbolizado pelo Caranguejo, é regido pela Lua, que governa as emoções e a intuição. Este signo está associado ao carinho, à sensibilidade e a uma forte ligação ao lar e à família. Os cancerianos são compassivos e protectores, dando frequentemente grande importância à criação de um ambiente seguro e harmonioso para si e para os seus entes queridos.

Leão (23 de julho - 22 de agosto)

Leão, representado pelo Leão, é regido pelo Sol, o centro do nosso sistema solar. Este signo é conhecido pela sua criatividade, confiança e generosidade. Os leoninos têm um carisma natural e um talento para o drama, procurando muitas vezes estar na ribalta. São apaixonados e entusiastas, com um forte desejo de se exprimirem e inspirarem os outros.

Virgem (23 de agosto - 22 de setembro)

Virgem, simbolizado pela Donzela, é regido por Mercúrio. Este signo está associado ao sentido prático, à atenção aos pormenores e a uma forte ética de trabalho. Os virginianos são analíticos e metódicos, procurando frequentemente a perfeição nos seus empreendimentos. Têm um apurado sentido de organização e um profundo desejo de estar ao serviço dos outros.

Balança (23 de setembro - 22 de outubro)

Balança, representada pela Balança, é regida por Vénus. Este signo caracteriza-se pelo seu foco no equilíbrio, na harmonia e nas relações. Os librianos são diplomáticos e justos, com uma capacidade natural para ver diferentes perspectivas e mediar conflitos. Valorizam a beleza e a estética, procurando frequentemente criar uma sensação de paz e elegância no ambiente que os rodeia.

Escorpião (23 de outubro - 21 de novembro)

Escorpião, simbolizado pelo Escorpião, é regido por Plutão, o planeta da transformação. Este signo está associado à intensidade, profundidade e paixão. Os escorpianos são conhecidos pela sua presença magnética e pela sua capacidade de mergulhar nos mistérios da vida. São resilientes e engenhosos, navegando frequentemente em paisagens emocionais complexas com determinação e perspicácia.

Sagitário (22 de novembro - 21 de dezembro)

Sagitário, representado pelo Arqueiro, é regido por Júpiter, o planeta da expansão e da sabedoria. Este signo caracteriza-se pelo seu espírito aventureiro, otimismo e amor pela liberdade. Os sagitarianos são filosóficos e de mente aberta, procurando frequentemente conhecimento e novas experiências. Têm um entusiasmo natural e um desejo de explorar o mundo e as suas possibilidades.

Capricórnio (22 de dezembro - 19 de janeiro)

Capricórnio, simbolizado pelo Bode, é regido por Saturno, o planeta da disciplina e da responsabilidade. Este signo está associado à ambição, perseverança e sentido prático. Os Capricórnios são trabalhadores e orientados para os objectivos, alcançando frequentemente o sucesso através da sua determinação e abordagem estratégica. Valorizam a estrutura e a estabilidade, concentrando-se nas realizações a longo prazo.

Aquário (20 de janeiro - 18 de fevereiro)

Aquário, representado pelo Portador da Água, é regido por Urano, o planeta da inovação e da mudança. Este signo caracteriza-se pela sua originalidade, independência e espírito humanitário. Os aquarianos pensam no futuro e são progressistas, desafiando frequentemente o status quo e defendendo reformas sociais. Valorizam o estímulo intelectual e têm um forte desejo de contribuir para um bem maior.

Peixes (19 de fevereiro - 20 de março)

Peixes, simbolizado pelos Peixes, é regido por Neptuno, o planeta dos sonhos e da intuição. Este signo está associado à empatia, à criatividade e à profundidade espiritual. Os piscianos são compassivos e imaginativos, possuindo frequentemente uma profunda ligação ao inconsciente e ao místico. São sensíveis e adaptáveis, com uma inclinação natural para actividades artísticas e altruístas.

Os elementos e as modalidades

Cada signo do zodíaco está associado a um dos quatro elementos clássicos: Fogo, Terra, Ar e Água. Estes elementos representam diferentes tipos de energia e influenciam as características e os comportamentos dos signos que regem.

Signos de Fogo: Carneiro, Leão, Sagitário

Os signos de fogo são conhecidos pela sua paixão, energia e entusiasmo. São dinâmicos e orientados para a ação, muitas vezes movidos pelo desejo de tomar a iniciativa e causar impacto. Os signos de fogo são criativos e inspiradores, com uma capacidade natural para motivar os outros e trazer entusiasmo a qualquer situação.

Signos de Terra: Touro, Virgem, Capricórnio

Os signos de terra caracterizam-se pela sua praticidade, estabilidade e natureza fundamentada. Valorizam a segurança material e estão frequentemente concentrados em construir uma base sólida nas suas vidas. Os signos de Terra são fiáveis e trabalhadores, com uma forte ligação ao mundo físico e uma apreciação por resultados tangíveis.

Signos de Ar: Gémeos, Balança, Aquário

Os signos de ar estão associados ao intelecto, à comunicação e à interação social. São curiosos e analíticos, muitas vezes motivados pelo desejo de compreender e partilhar ideias. Os signos de ar são adaptáveis e sociáveis, com uma capacidade natural para se relacionarem com os outros e navegarem em paisagens mentais complexas.

Signos de água: Caranguejo, Escorpião, Peixes

Os signos de água são conhecidos pela sua profundidade emocional, intuição e sensibilidade. São compassivos e empáticos, muitas vezes movidos pelo desejo de se ligarem aos outros a um nível profundo. Os signos de água são imaginativos e carinhosos, com uma inclinação natural para a cura e a expressão artística.

Para além dos elementos, cada signo do zodíaco é categorizado pela sua modalidade - Cardinal, Fixo ou Mutável - que representa o seu modo de funcionamento e abordagem à vida.

Signos cardinais: Carneiro, Caranguejo, Balança, Capricórnio

Os signos cardinais são iniciadores, conhecidos pela sua liderança e vontade de iniciar novos projectos. São proactivos e ambiciosos, assumindo frequentemente o comando e pondo as coisas em movimento. Os signos de Cardeal são dinâmicos e têm uma visão de futuro, com um forte desejo de atingir os seus objectivos.

Signos fixos: Touro, Leão, Escorpião, Aquário

Os signos fixos são caracterizados pela sua determinação, estabilidade e persistência. São fiáveis e consistentes, muitas vezes levando as coisas até ao fim. Os signos fixos são resistentes à mudança, preferindo manter o status quo e construir sobre bases estabelecidas.

Signos Mutáveis: Gémeos, Virgem, Sagitário, Peixes

Os signos mutáveis são adaptáveis, flexíveis e versáteis. Estão abertos à mudança e a novas experiências, prosperando frequentemente em ambientes dinâmicos e fluidos. Os signos mutáveis são engenhosos e reactivos, com uma capacidade natural para se ajustarem e evoluírem com as circunstâncias.

Conclusão

O zodíaco é um círculo celeste que oferece uma estrutura profunda para a compreensão das diversas expressões da natureza humana. Ao explorar as características únicas de cada signo, juntamente com as influências dos elementos e das modalidades, obtemos conhecimentos valiosos sobre a complexidade da personalidade e do comportamento. Este intrincado sistema de astrologia não só enriquece a nossa auto-consciência, como também promove uma ligação mais profunda aos ritmos cósmicos que moldam as nossas vidas.

À medida que continuamos a nossa viagem através da paisagem astrológica, basear-nos-emos neste conhecimento fundamental, aprofundando os planetas, as casas e os aspectos que definem ainda mais os nossos perfis astrológicos. Através desta exploração, esperamos descobrir a sabedoria das estrelas e a sua influência duradoura nos nossos destinos pessoais e colectivos.

Capítulo 3: Os planetas e o seu significado

A astrologia não se refere apenas aos signos do zodíaco; envolve também a compreensão do significado dos planetas. Cada planeta do nosso sistema solar representa diferentes aspectos da experiência humana, influenciando as nossas personalidades, comportamentos e acontecimentos da vida. Neste capítulo, exploraremos os papéis dos luminares, dos planetas pessoais, dos planetas sociais e dos planetas transpessoais, e como os seus posicionamentos num mapa natal podem fornecer uma visão profunda das nossas vidas.

Os Luminares: Sol e Lua

O Sol

O Sol, o centro do nosso sistema solar, é o corpo celeste mais significativo na astrologia. Representa a nossa identidade central, o nosso ego e a nossa força vital. A posição do Sol num mapa natal, muitas vezes referida como o signo solar, é um indicador chave da personalidade básica e do impulso fundamental de cada um.

- **Identidade e Ego:** O Sol simboliza a nossa mente consciente e a essência de quem somos. Reflecte os nossos objectivos, ambições e a forma como nos expressamos.
- **Vitalidade e força vital:** O Sol está associado à vitalidade, à saúde e aos nossos níveis gerais de energia. Representa a nossa capacidade de brilhar e de causar impacto no mundo.
- **Criatividade e força de vontade:** O Sol influencia as nossas capacidades criativas e a força da nossa vontade. Leva-nos a perseguir as nossas paixões e a realizar as nossas aspirações.

A posição do Sol no zodíaco e os seus aspectos com outros planetas revelam a forma como nos afirmamos e as motivações fundamentais que nos movem.

A Lua

A Lua, que reflecte a luz do Sol, governa as nossas emoções, intuição e mente subconsciente. A sua posição no mapa natal, conhecida como signo lunar, fornece informações sobre o nosso mundo interior e as nossas reacções emocionais.

- **Emoções e sentimentos:** A Lua representa a nossa natureza emocional e a forma como processamos e expressamos os nossos sentimentos. Influencia o nosso estado de espírito e a forma como reagimos a diferentes situações.
- **Intuição e instintos:** A Lua está associada às nossas capacidades intuitivas e aos nossos instintos. Guia-nos através dos nossos instintos e reacções subconscientes.
- **Acolhimento e conforto:** A Lua também está relacionada com a nossa necessidade de segurança e conforto. Influencia a nossa relação com o lar, a família e os aspectos afectivos da nossa personalidade.

Compreender a posição da Lua ajuda-nos a compreender as nossas necessidades emocionais, a forma como procuramos conforto e os nossos comportamentos instintivos.

Os Planetas Pessoais

Os planetas pessoais - Mercúrio, Vénus e Marte - afectam a nossa vida quotidiana e as nossas interacções pessoais. As suas posições no mapa natal oferecem uma visão detalhada do nosso estilo de comunicação, inclinações românticas e motivação.

Mercúrio

Mercúrio, o planeta mais próximo do Sol, rege a comunicação, o intelecto e os processos de pensamento. Desempenha um papel crucial na forma como percepcionamos, processamos e transmitimos informação.

- **Estilo de comunicação:** Mercúrio influencia a nossa capacidade de falar, escrever e comunicar em geral. Determina a forma como expressamos os nossos pensamentos e ideias.
- **Intelecto e Raciocínio:** Este planeta está associado às nossas capacidades intelectuais, ao pensamento analítico e ao raciocínio. Afecta a forma como aprendemos e compreendemos o mundo.

- **Viagens e movimento:** Mercúrio também rege as viagens e o movimento, reflectindo a nossa curiosidade e desejo de explorar lugares e ideias diferentes.

A colocação de Mercúrio revela a forma como interagimos com os outros, o nosso estilo de aprendizagem e a nossa agilidade mental.

Vénus

Vénus, o planeta do amor e da beleza, rege as nossas relações, a estética e os valores. Dá-nos a conhecer o que achamos atraente e como encaramos o amor e a harmonia.

- **Amor e relações:** Vénus influencia a nossa vida romântica e a forma como formamos e mantemos relações. Reflecte a nossa capacidade de afeto e desejo de ligação.
- **Estética e Beleza:** Este planeta governa o nosso apreço pela beleza, arte e estética. Afecta o nosso sentido de estilo e o que achamos visualmente agradável.
- **Valores e prazer:** Vénus está também associado aos nossos valores e ao que nos dá prazer. Influencia o nosso sentido de valor e os nossos desejos materiais.

Compreender a posição de Vénus ajuda-nos a orientar a nossa vida amorosa, as interacções sociais e as preferências estéticas.

Marte

Marte, o planeta da ação e do impulso, representa a nossa energia, ambição e assertividade. Influencia a forma como perseguimos os nossos objectivos e lidamos com os conflitos.

- **Energia e motivação:** Marte rege a nossa energia física e a nossa motivação. Leva-nos a agir e a fazer valer a nossa vontade.
- **Ambição e Coragem:** Este planeta reflecte a nossa ambição, coragem e natureza competitiva. Influencia a nossa capacidade de correr riscos e enfrentar desafios.
- **Sexualidade e paixão:** Marte está também associado ao nosso impulso sexual e à nossa paixão. Afecta o nosso desejo e a forma como expressamos a nossa sexualidade.

A posição de Marte no mapa natal revela a nossa abordagem para perseguir desejos, lidar com a raiva e atingir os nossos objectivos.

Os Planetas Sociais e Transpessoais

Para além dos planetas pessoais, os planetas sociais (Júpiter e Saturno) e os planetas transpessoais (Úrano, Neptuno e Plutão) moldam as nossas experiências de vida mais amplas e os papéis sociais.

Júpiter

Júpiter, o maior planeta do nosso sistema solar, representa a expansão, a sabedoria e a abundância. Rege o nosso sentido de otimismo, crescimento e perspetiva filosófica.

- **Crescimento e expansão:** Júpiter influencia a nossa capacidade de crescimento e o nosso desejo de conhecimento e compreensão. Reflecte a nossa procura de educação superior, viagens e novas experiências.
- **Sorte e abundância:** Este planeta está associado à sorte, prosperidade e oportunidades. Afecta a forma como atraímos e lidamos com a abundância nas nossas vidas.
- **Crenças e filosofia:** Júpiter rege as nossas crenças, moral e pontos de vista filosóficos. Influencia o nosso sentido de justiça e a nossa abordagem à ética e à espiritualidade.

A colocação de Júpiter revela a nossa abordagem ao crescimento, a forma como procuramos oportunidades e a nossa visão geral do mundo.

Saturno

Saturno, o planeta da disciplina e da responsabilidade, representa a estrutura, a limitação e o domínio. Rege o nosso sentido de dever, a nossa ética de trabalho e os desafios que enfrentamos.

- **Disciplina e responsabilidade:** Saturno influencia o nosso sentido de disciplina, responsabilidade e empenhamento. Reflecte a nossa capacidade para estabelecer limites e cumprir regras.

- **Desafios e lições:** Este planeta está associado aos obstáculos e às lições de vida que temos de aprender. Representa as áreas em que precisamos de desenvolver a paciência e a perseverança.
- **Estrutura e autoridade:** Saturno rege as estruturas, tanto pessoais como sociais. Afecta a nossa relação com a autoridade, a tradição e os sistemas estabelecidos.

Compreender a posição de Saturno ajuda-nos a enfrentar desafios, a desenvolver resiliência e a atingir objectivos a longo prazo através da disciplina e do trabalho árduo.

Os Planetas Transpessoais

Os planetas transpessoais - Úrano, Neptuno e Plutão - governam as mudanças transformadoras e geracionais. Reflectem mudanças sociais mais amplas e influenciam as nossas experiências colectivas.

Urano

Urano, o planeta da inovação e da mudança, representa a originalidade, a rebelião e as mudanças súbitas. Rege o nosso desejo de liberdade e de progresso.

- **Inovação e mudança:** Urano influencia a nossa capacidade de inovação e a nossa vontade de nos libertarmos do status quo. Reflecte a nossa vontade de abraçar a mudança e de pensar fora da caixa.
- **Rebelião e Individualidade:** Este planeta está associado à rebelião e à busca da individualidade. Afecta a forma como expressamos a nossa singularidade e desafiamos as convenções.
- **Tecnologia e futuro:** Urano rege a tecnologia e o pensamento futurista. Influencia a nossa abordagem à ciência, à invenção e ao futuro.

O posicionamento de Urano revela a forma como lidamos com a mudança, a nossa abordagem à inovação e a nossa procura de individualidade.

Neptuno

Neptuno, o planeta dos sonhos e da intuição, representa a espiritualidade, a imaginação e a ilusão. Governa a nossa ligação com o místico e o inconsciente.

- **Imaginação e criatividade:** Neptuno influencia as nossas capacidades criativas e imaginativas. Reflecte a nossa capacidade de sonhar e visualizar para além do mundo tangível.
- **Espiritualidade e Intuição:** Este planeta está associado à espiritualidade e à intuição. Afecta o nosso sentido de ligação ao divino e as nossas capacidades psíquicas.
- **Ilusão e engano:** Neptuno rege as ilusões e o potencial de engano. Influencia a forma como percepcionamos a realidade e a nossa suscetibilidade à fantasia ou ao escapismo.

Compreender o posicionamento de Neptuno ajuda-nos a navegar na nossa viagem espiritual, a aproveitar a nossa criatividade e a discernir a realidade da ilusão.

Plutão

Plutão, o planeta da transformação e do renascimento, representa o poder, a destruição e a regeneração. Rege a nossa capacidade de mudança profunda e de renovação.

- **Transformação e renascimento:** Plutão influencia a nossa capacidade de sofrer transformações profundas e emergir renovados. Reflecte os nossos encontros com a morte e o renascimento sob várias formas.
- **Poder e controlo:** Este planeta está associado à dinâmica do poder e ao controlo. Afecta a nossa relação com o poder e a forma como lidamos com questões de domínio e submissão.
- **Cura e Regeneração:** Plutão rege a cura e o processo de regeneração. Influencia a nossa capacidade de nos curarmos de traumas e de nos reinventarmos.

A colocação de Plutão revela o nosso potencial transformador, a nossa abordagem ao poder e a nossa viagem através de mudanças profundas.

Conclusão

Os planetas na astrologia representam diferentes dimensões da experiência humana, influenciando as nossas personalidades, comportamentos e trajectórias de vida. Ao compreendermos os papéis dos luminares, dos planetas pessoais, dos planetas sociais e dos planetas transpessoais, obtemos conhecimentos valiosos sobre a nossa identidade central, natureza emocional, interacções pessoais, papéis sociais e processos de transformação.

À medida que continuamos a nossa exploração da astrologia, basear-nos-emos neste conhecimento fundamental, aprofundando os aspectos e as casas que definem ainda mais os nossos perfis astrológicos. Através desta viagem, pretendemos descobrir as ligações intrincadas entre o cosmos e as nossas vidas, promovendo uma compreensão mais profunda de nós próprios e do nosso lugar no universo.

Capítulo 4: O mapa natal: Um instantâneo celestial

Como fazer um mapa natal

Um mapa natal, também conhecido como mapa de nascimento ou horóscopo, é um mapa do céu no momento exato do nascimento de uma pessoa. Esta fotografia celestial capta as posições do Sol, da Lua e dos planetas, bem como do Ascendente e do Meio do Céu, que são pontos cruciais que influenciam a personalidade e o percurso de vida de uma pessoa. A criação de um mapa natal envolve cálculos precisos baseados na data, hora e local de nascimento, resultando numa planta única que os astrólogos utilizam para interpretar o carácter e o destino de um indivíduo.

Os componentes de um mapa natal

- **Sol**: Representa a identidade central, o ego e a força vital.
- **Lua**: Governa as emoções, a intuição e o subconsciente.
- **Mercúrio**: Influencia a comunicação, o intelecto e o raciocínio.
- **Vénus**: Rege o amor, a beleza e os valores.
- **Marte**: Representa o impulso, a ambição e a energia física.
- **Júpiter**: Rege o crescimento, a expansão e a sabedoria.
- **Saturno**: Influencia a disciplina, a responsabilidade e as lições de vida.
- **Urano**: Representa a inovação, a mudança e a individualidade.
- **Neptuno**: Rege os sonhos, a intuição e a espiritualidade.
- **Plutão**: Representa a transformação, o poder e o renascimento.
- **Ascendente (Signo Ascendente)**: Indica a personalidade exterior e as primeiras impressões.
- **Meio do Céu (MC)**: Representa a carreira, a vida pública e as aspirações.

Interpretação das casas

Num mapa natal, o céu está dividido em doze secções conhecidas como casas. Cada casa corresponde a diferentes áreas da vida e é regida por um signo do zodíaco específico. As posições dos planetas dentro dessas casas fornecem informações sobre vários aspectos da vida de um indivíduo, desde a identidade pessoal à carreira, relacionamentos e muito mais.

As Doze Casas

1. **Primeira Casa (Casa do Eu)**: Esta casa, regida pelo Ascendente, representa a auto-identidade, a aparência física e a forma como a pessoa se apresenta ao mundo. Influencia o estilo pessoal, o comportamento e a impressão inicial que se causa nos outros.

2. **Segunda Casa (Casa da Riqueza)**: Associada às finanças pessoais, aos bens materiais e aos valores, esta casa governa o sentido de segurança e estabilidade de uma pessoa. Revela atitudes em relação ao dinheiro, ao potencial de ganho e ao valor atribuído aos bens materiais.

3. **Terceira Casa (Casa da Comunicação)**: Esta casa abrange a comunicação, a aprendizagem e as viagens de curta distância. Influencia a forma como a pessoa processa a informação, se relaciona com o seu ambiente imediato e interage com irmãos, vizinhos e pares.

4. **Quarta Casa (Casa do Lar)**: Representando o lar, a família e as raízes, esta casa governa a vida doméstica e os alicerces emocionais de uma pessoa. Revela a natureza da educação, a dinâmica familiar e o tipo de ambiente doméstico que se procura criar.

5. **Quinta Casa (Casa da Criatividade)**: Associada à criatividade, à auto-expressão e ao prazer, esta casa influencia as actividades artísticas, os passatempos e as relações românticas. Revela a forma como a pessoa procura a alegria, se entretém e se envolve em actividades lúdicas.

6. **Sexta Casa (Casa da Saúde)**: Esta casa rege a saúde, as rotinas diárias e a ética de trabalho. Influencia a abordagem da pessoa à boa forma física, ao bem-estar e ao serviço aos outros. Revela também atitudes em relação ao trabalho e à natureza das responsabilidades quotidianas.

7. **Sétima Casa (Casa das Parcerias)**: Representando as parcerias, o casamento e as relações significativas, esta casa governa a forma como nos relacionamos com os outros em ligações individuais. Revela as preferências dos parceiros, a dinâmica das relações íntimas e os aspectos de cooperação e conflito.
8. **Oitava Casa (Casa da Transformação)**: Esta casa abrange a transformação, os recursos partilhados e os mistérios da vida e da morte. Influencia as atitudes em relação à intimidade, ao poder e à fusão de recursos com os outros. Também governa experiências de mudança profunda e crescimento pessoal.
9. **Nona Casa (Casa das Viagens)**: Associada a viagens de longa distância, educação superior e crenças filosóficas, esta casa governa a busca de conhecimento e compreensão. Influencia as atitudes em relação à aventura, às buscas espirituais e à exploração cultural.
10. **Décima Casa (Casa da Carreira)**: Representando a carreira, a imagem pública e as aspirações, esta casa rege a vida profissional e os papéis sociais. Revela as ambições, o percurso profissional e o legado que se deseja deixar.
11. **Décima primeira casa (casa das amizades)**: Esta casa abrange as amizades, as redes sociais e as actividades de grupo. Influencia a forma como a pessoa interage com as comunidades, se envolve em esforços colectivos e persegue objectivos comuns.
12. **Décima Segunda Casa (Casa do Subconsciente)**: Associada à mente subconsciente, à espiritualidade e aos aspectos ocultos da vida, esta casa governa o mundo interior e a ligação com o invisível. Revela tendências para a introspeção, os sonhos e a necessidade de solidão ou retiro.

Ler o mapa natal

A interpretação de um mapa natal requer a compreensão da forma como os planetas, os signos e as casas interagem. A colocação de cada planeta numa casa e num signo específicos fornece uma visão matizada das diferentes facetas da vida de um indivíduo. Os aspectos entre os planetas (os ângulos que formam entre si) refinam ainda mais essas interpretações, destacando áreas de harmonia e tensão.

Colocações planetárias nas casas

- **O Sol nas casas**: A casa onde o Sol está localizado indica a área da vida onde a pessoa brilha mais e procura reconhecimento. Por exemplo, o Sol na Quarta Casa enfatiza a importância do lar e da família.
- **A Lua nas casas**: A casa da Lua revela onde as necessidades emocionais são mais fortemente sentidas. A Lua na Sétima Casa indica uma profunda necessidade de parcerias significativas.
- **Mercúrio nas casas**: A colocação de Mercúrio nas casas mostra onde se concentra a energia mental e a comunicação. Mercúrio na Nona Casa sugere um gosto pela aprendizagem e pelas discussões filosóficas.
- **Vénus nas casas**: A posição de Vénus nas casas destaca onde se procura beleza e harmonia. Vénus na 5ª Casa aumenta a criatividade e as buscas românticas.
- **Marte nas Casas**: A posição de Marte indica onde é que a pessoa aplica a sua energia e a sua vontade. Marte na Casa 10 mostra ambição e uma forte orientação profissional.
- **Júpiter nas casas**: A posição de Júpiter nas casas revela onde a pessoa experimenta crescimento e expansão. Júpiter na Terceira Casa aumenta as capacidades de comunicação e as oportunidades de aprendizagem.
- **Saturno nas casas**: A colocação de Saturno indica áreas da vida que requerem disciplina e trabalho árduo. Saturno na 6ª Casa dá ênfase à saúde e às rotinas diárias.
- **Urano nas Casas**: A posição de Úrano destaca áreas onde se procura inovação e mudança. Urano na décima primeira casa sugere amizades e actividades sociais pouco convencionais.
- **Neptuno nas casas**: A colocação de Neptuno revela onde se procura a ligação espiritual e a criatividade. Neptuno na Décima Segunda Casa aumenta as experiências intuitivas e místicas.

- **Plutão nas casas**: A colocação de Plutão nas casas indica onde podem ocorrer transformações e lutas pelo poder. Plutão na Oitava Casa enfatiza temas de renascimento e recursos partilhados.

Ascendente e Meio do Céu

- **Ascendente (signo ascendente)**: O Ascendente, ou Signo Ascendente, é o signo que estava a nascer no horizonte oriental na altura do nascimento. Representa a personalidade que projectamos para o mundo exterior e as primeiras impressões que causamos. O signo ascendente prepara o palco para todo o mapa natal, influenciando as cúspides das casas e a interpretação dos posicionamentos planetários.

- **Meio do Céu (MC)**: O Meio do Céu, ou Medium Coeli (MC), marca o ponto mais alto do mapa e representa a carreira, a vida pública e as aspirações de uma pessoa. Indica como a pessoa deseja ser vista pela sociedade e o legado que pretende construir. O signo do Meio do Céu e os planetas próximos deste ponto oferecem uma visão sobre as ambições profissionais e a imagem pública.

Aspectos de interpretação

Os aspectos são os ângulos formados entre os planetas no mapa natal, indicando a forma como interagem e se influenciam mutuamente. Os aspectos principais incluem a conjunção, o sextil, a quadratura, o trígono e a oposição, cada um trazendo uma dinâmica diferente ao mapa.

- **Conjunção (0°)**: Os planetas em conjunção amplificam as energias uns dos outros, criando uma influência poderosa e concentrada. Por exemplo, o Sol em conjunção com Marte aumenta a vitalidade e a energia.

- **Sextil (60°)**: Um aspeto harmonioso que encoraja a cooperação e as interacções positivas entre planetas. Por exemplo, Vénus em sextil com Júpiter aumenta o amor e a abundância.

- **Quadratura (90°)**: Um aspeto desafiante que cria tensão e obstáculos, exigindo esforço para ser resolvido. Por exemplo, a Lua em quadratura com Saturno pode indicar dificuldades emocionais e uma necessidade de resiliência emocional.

- **Trígono (120°)**: Um aspeto benéfico que facilita a facilidade e o fluxo entre planetas. Por exemplo, Mercúrio em trígono com Urano melhora o pensamento inovador e a comunicação.
- **Oposição (180°)**: Um aspeto que representa polaridade e equilíbrio, manifestando-se frequentemente sob a forma de conflitos ou desafios externos. Por exemplo, Marte em oposição a Plutão pode indicar lutas pelo poder e a necessidade de transformação.

Conclusão

O mapa natal é um retrato celestial que oferece um mapa abrangente do céu no momento do nascimento. Ao compreender as posições do Sol, da Lua e dos planetas, juntamente com o significado do Ascendente e do Meio do Céu, os astrólogos podem interpretar a complexa interação de energias que moldam a personalidade e o percurso de vida de um indivíduo. As doze casas fornecem uma estrutura para explorar diferentes áreas da vida, enquanto os aspectos entre os planetas destacam a dinâmica da harmonia e da tensão.

À medida que continuamos a nossa viagem pela astrologia, aprofundaremos os significados e influências específicos destes componentes celestes, melhorando a nossa capacidade de interpretar e compreender a profunda sabedoria contida num mapa natal. Através desta exploração, o nosso objetivo é desvendar os segredos das estrelas e o seu impacto duradouro nas nossas vidas.

Capítulo 5: Aspectos: As conversas celestiais

A astrologia é uma linguagem rica e complexa, e os aspectos são um dos seus elementos mais profundos e intrincados. São os ângulos geométricos formados entre planetas num mapa natal, representando as interacções e relações dinâmicas entre estes corpos celestes. Os aspectos são as conversas dos céus, revelando como as energias planetárias se misturam, se chocam ou se apoiam mutuamente. Neste capítulo, exploraremos os diferentes tipos de aspectos, seus significados e seus papéis na formação do perfil astrológico de um indivíduo.

Compreender os aspectos

Os aspectos são medidos em graus, representando os ângulos entre os planetas vistos da Terra. Cada aspeto tem a sua própria energia, influenciando a forma como os planetas expressam as suas qualidades e interagem no mapa. Os cinco aspectos principais - conjunções, sextis, quadrados, trígonos e oposições - são os mais significativos e frequentemente analisados na interpretação astrológica.

Aspectos principais

1. **Conjunção (0°)**

Uma conjunção ocorre quando dois ou mais planetas se encontram no mesmo grau, no mesmo signo, ou dentro de uma órbita de influência, normalmente até 8° de distância. As conjunções fundem as energias planetárias, criando uma expressão potente e concentrada das suas qualidades combinadas.

- **Intensificação**: Os planetas em conjunção amplificam os pontos fortes e fracos uns dos outros. Por exemplo, uma conjunção Sol-Marte pode aumentar a assertividade e a vitalidade.
- **Expressão unificada**: As energias dos planetas envolvidos operam em conjunto, tornando frequentemente a sua influência mais visível na personalidade e nas experiências de vida do indivíduo.

2. **Sextil (60°)**

Um sextil forma-se quando dois planetas estão separados por 60 graus, normalmente em signos que são compatíveis por elemento (por exemplo,

Fogo e Ar, Terra e Água). Os sextis são considerados aspectos harmoniosos, promovendo a cooperação e as oportunidades.

- **Facilidade e fluidez**: os sextis facilitam as interacções positivas e as colaborações produtivas entre planetas. Representam um potencial que pode ser realizado através de um esforço consciente.
- **Influência de apoio**: Este aspeto traz frequentemente oportunidades e circunstâncias que ajudam o indivíduo a desenvolver as características e áreas representadas pelos planetas envolvidos.

3. **Quadrado (90°)**

Uma quadratura ocorre quando dois planetas estão separados por 90 graus, normalmente em signos que são da mesma modalidade (Cardinal, Fixo ou Mutável) mas com elementos diferentes. As quadraturas são aspectos desafiantes, criando tensão e conflito que exigem resolução.

- **Tensão e conflito**: As quadraturas significam áreas de luta e dificuldade, onde as energias se chocam e criam obstáculos. Por exemplo, uma quadratura Lua-Saturno pode indicar restrições emocionais e desafios na expressão de sentimentos.
- **Catalisador de crescimento**: Embora as quadraturas sejam difíceis, estimulam o crescimento e o desenvolvimento, levando os indivíduos a enfrentar e a ultrapassar os conflitos representados pelos planetas envolvidos.

4. **Trígono (120°)**

Um trígono forma-se quando dois planetas estão separados por 120 graus, normalmente em signos do mesmo elemento (por exemplo, todos os signos de Fogo ou todos os signos de Água). Os trígonos são considerados os aspectos mais harmoniosos, representando talentos naturais e interacções sem esforço.

- **Harmonia e facilidade**: Os trígonos indicam áreas da vida onde as coisas fluem suavemente e com pouca resistência. As energias dos planetas envolvidos apoiam-se e reforçam-se mutuamente.

- **Habilidades inatas**: Este aspeto aponta frequentemente para capacidades ou qualidades inerentes que são naturais ao indivíduo, facilitando o sucesso nas áreas representadas pelos planetas.

5. **Oposição (180°)**

Uma oposição ocorre quando dois planetas se encontram a 180 graus de distância, normalmente em signos opostos do zodíaco. As oposições representam polaridade e equilíbrio, destacando áreas da vida onde é necessário integrar forças opostas.

- **Polaridade e equilíbrio**: As oposições criam uma dinâmica de empurra-empurra, reflectindo conflitos internos ou externos que requerem equilíbrio e integração. Por exemplo, uma oposição Sol-Lua pode indicar uma luta entre os objectivos conscientes de uma pessoa e as suas necessidades emocionais.
- **Projeção e Reflexão**: Este aspeto envolve frequentemente interacções com os outros, onde as qualidades de um planeta são projectadas nas relações, desafiando o indivíduo a encontrar harmonia.

Aspectos harmoniosos vs. aspectos desafiantes

Os aspectos podem ser genericamente categorizados em tipos harmoniosos e desafiantes, desempenhando cada um deles um papel crucial no desenvolvimento do carácter e das experiências de vida do indivíduo.

Aspectos harmoniosos

Os aspectos harmoniosos, como os trígonos e os sextis, significam facilidade e cooperação entre planetas. Representam áreas da vida onde as energias fluem suavemente e as interacções benéficas ocorrem naturalmente.

- **Trígonos (120°)**: Sendo o aspeto mais favorável, os trígonos indicam talentos naturais e sucessos fáceis. Criam um fluxo harmonioso de energia, permitindo aos indivíduos capitalizarem os seus pontos fortes com um esforço mínimo.
- **Sextis (60°)**: Os sextis trazem oportunidades e interacções positivas, embora exijam algum esforço para realizar plenamente o

seu potencial. Representam influências de apoio que podem ser aproveitadas para o crescimento e desenvolvimento.

Aspectos problemáticos

Os aspectos desafiantes, como as quadraturas e as oposições, indicam tensão e obstáculos que estimulam o crescimento e o desenvolvimento. Estes aspectos destacam áreas onde as energias estão em conflito, exigindo esforço e resiliência para navegar.

- **Quadratura (90°)**: Os quadrados criam conflitos internos e externos que exigem resolução. Representam áreas em que os indivíduos têm de enfrentar desafios e fazer esforços significativos para ultrapassar as dificuldades.
- **Oposições (180°)**: As oposições realçam as polaridades e a necessidade de equilíbrio. Manifestam-se frequentemente através de relações e circunstâncias externas, levando os indivíduos a integrar forças opostas e a encontrar o equilíbrio.

Exemplos de aspectos principais

Conjunções: Energia unificada

Quando os planetas estão em conjunção, as suas energias misturam-se e amplificam-se mutuamente, criando uma força unificada que pode ser simultaneamente poderosa e intensa.

- **Sol em conjunção com Mercúrio**: Este aspeto indica uma forte presença intelectual e a capacidade de articular os pensamentos com clareza. Aumenta a capacidade de comunicação e a agilidade mental.
- **Vénus em conjunção com Marte**: Esta conjunção funde as energias do amor e do desejo, criando interacções apaixonadas e dinâmicas nos relacionamentos. Pode indicar uma personalidade carismática e magnética.

Sextis: Oportunidades de crescimento

Os sextis apresentam oportunidades de crescimento e interacções positivas, oferecendo influências de apoio que podem ser aproveitadas com um esforço consciente.

- **Lua em sextil com Vénus**: Este aspeto promove a harmonia nas relações e uma profunda apreciação da beleza e da arte. Indica calor emocional e a capacidade de nutrir ligações.
- **Júpiter Sextil Urano**: Este sextil sugere oportunidades de inovação e expansão. Encoraja a exploração de novas ideias e a adoção de mudanças progressivas.

Praças: Desafios e crescimento

Os quadrados criam tensão e obstáculos, levando os indivíduos a confrontarem-se e a ultrapassarem desafios. São catalisadores do crescimento e do desenvolvimento pessoal.

- **Marte em quadratura com Saturno**: Este aspeto representa uma luta entre a energia assertiva e a restrição. Pode indicar desafios na prossecução de objectivos e a necessidade de um esforço disciplinado.
- **Mercúrio em quadratura com Neptuno**: Esta quadratura pode criar confusão na comunicação e no pensamento, realçando a necessidade de clarificar os pensamentos e evitar mal-entendidos.

Trígonos: Harmonia natural

Os trígonos representam uma harmonia natural e interacções sem esforço, indicando áreas da vida onde as energias fluem suavemente e os talentos são facilmente expressos.

- **Sol em Trígono com a Lua**: Este aspeto indica uma relação harmoniosa entre os objectivos conscientes e as necessidades emocionais. Sugere equilíbrio interior e um forte sentido de si próprio.
- **Vénus em trígono com Júpiter**: Este trígono traz sorte e abundância no amor e nas finanças. Indica uma natureza generosa e otimista, com uma capacidade natural para atrair experiências positivas.

Oposições: Polaridade e equilíbrio

As oposições realçam as polaridades e a necessidade de equilíbrio, manifestando-se frequentemente através de relações e circunstâncias externas.

- **Sol em oposição à Lua**: Este aspeto representa uma luta entre os desejos conscientes e as necessidades emocionais. Destaca a necessidade de equilibrar os objectivos pessoais com a realização interior.
- **Marte em oposição a Plutão**: Esta oposição indica lutas de poder e conflitos intensos. É necessário aprender a equilibrar a assertividade com o controlo e a transformação.

Aspectos menores

Para além dos aspectos maiores, existem vários aspectos menores que fornecem nuances e detalhes adicionais na interpretação astrológica. Embora sejam menos influentes do que os aspectos maiores, os aspectos menores podem revelar dinâmicas mais subtis no mapa natal.

- **Quincúncio (150°)**: Também conhecido como inconjunto, o quincúncio representa o ajustamento e a necessidade de adaptação. Indica áreas onde existe uma falta de compreensão, exigindo um esforço para conciliar as diferenças.
- **Semi-Sextil (30°)**: Este aspeto representa uma forma suave de integração, indicando áreas onde existe potencial para crescimento através de pequenos ajustes e cooperação.
- **Semi-Quadratura (45°)**: A semi-quadratura é um aspeto desafiante menor que cria uma ligeira tensão e exige esforço para ultrapassar pequenos obstáculos.

Conclusão

Os aspectos são as conversas celestiais que moldam a dinâmica de um mapa natal. Compreender estas relações geométricas entre planetas é crucial para interpretar a complexa interação de energias que influenciam a personalidade e o percurso de vida de um indivíduo. Aspectos harmoniosos, como trígonos e sextis, proporcionam facilidade e apoio, destacando áreas de talento natural e oportunidades. Aspectos desafiantes, como os quadrados e as oposições, criam tensão e conflito, impulsionando o crescimento e o desenvolvimento pessoal.

Ao reconhecer e interpretar os aspectos maiores e menores de um mapa natal, os astrólogos podem descobrir os padrões intrincados e os potenciais que definem o plano astrológico de um indivíduo. Esta compreensão mais profunda dos aspectos aumenta a nossa capacidade de navegar pelos desafios e oportunidades da vida, promovendo uma maior auto-consciência e crescimento pessoal. À medida que continuamos a nossa viagem através da astrologia, o conhecimento dos aspectos servirá como uma ferramenta vital para desvendar os mistérios do cosmos e o nosso lugar dentro dele.

Capítulo 6: Astrologia Preditiva

A astrologia não só oferece informações sobre a personalidade e o percurso de vida de um indivíduo através do mapa natal, como também fornece ferramentas para prever acontecimentos e tendências futuros. A astrologia preditiva emprega várias técnicas para compreender como os movimentos celestes actuais e futuros influenciam a vida de uma pessoa. Dois métodos principais são os trânsitos e as progressões, que os astrólogos usam para prever eventos significativos da vida e fases de desenvolvimento. Além disso, os papéis dos eclipses e das retrogradações planetárias são cruciais para compreender os períodos de transformação e introspeção. Este capítulo aprofunda estas técnicas de previsão e o seu significado na formação das nossas vidas.

Trânsitos e Progressões

Trânsitos

Os trânsitos envolvem o movimento contínuo dos planetas à medida que formam aspectos com as posições dos planetas no mapa natal. Este método dinâmico fornece informações em tempo real sobre as influências actuais e as tendências futuras, ajudando os astrólogos a prever acontecimentos e mudanças em várias áreas da vida.

- **Acompanhamento dos trânsitos**: À medida que os planetas se movem através do zodíaco, formam aspectos (como conjunções, sextis, quadrados, trígonos e oposições) com os planetas natais. Estes aspectos realçam momentos de oportunidade, desafio, crescimento e mudança.
- **Trânsitos de curto e longo prazo**: Os planetas que se movem rapidamente, como o Sol, a Lua, Mercúrio, Vénus e Marte, criam influências a curto prazo, muitas vezes com duração de dias ou semanas. Planetas de movimento lento como Júpiter, Saturno, Urano, Neptuno e Plutão produzem efeitos a longo prazo, que duram meses ou mesmo anos.

Exemplos de trânsitos:

- **Trânsitos do Sol**: São breves, geralmente duram um ou dois dias, e destacam temas de auto-expressão e identidade. Por exemplo, o Sol transitando Júpiter natal pode trazer otimismo e expansão.
- **Trânsitos de Saturno**: Os trânsitos de Saturno são mais prolongados e muitas vezes desafiadores, enfatizando temas de responsabilidade, disciplina e reestruturação. Um retorno de Saturno (quando Saturno retorna à sua posição natal, aproximadamente a cada 29,5 anos) marca marcos significativos da vida e períodos de reavaliação.

Progressões

As progressões avançam simbolicamente o mapa natal para refletir o crescimento e a evolução pessoal. O método mais comummente utilizado é o das Progressões Secundárias, em que cada dia após o nascimento representa um ano de vida.

- **Planetas progredidos e ângulos**: As posições progredidas do Sol, da Lua e de outros planetas revelam mudanças internas e fases de desenvolvimento. As mudanças no Ascendente e no Meio do Céu significam novas formas de apresentação e evolução dos objectivos de vida.
- **Fases da Lua progredida**: O ciclo da Lua progredida, que dura cerca de 28 anos, reflecte as fases lunares e indica crescimento e mudanças emocionais. A fase da Lua Nova progredida simboliza novos começos, enquanto a fase da Lua Cheia representa o culminar e a consciencialização.

Exemplos de progressões:

- **Sol progredido**: O signo e a posição da casa do Sol progredido indicam onde e como a identidade central e o foco de uma pessoa evoluem ao longo do tempo. Por exemplo, a mudança do Sol progredido para um novo signo pode anunciar mudanças significativas de personalidade e novas direcções de vida.
- **Lua progredida**: O signo e a casa da Lua progredida revelam mudanças nas necessidades e respostas emocionais. Quando a Lua progredida muda de signo, muitas vezes traz uma mudança de humor e de foco, alinhando-se com as qualidades do novo signo.

O papel dos eclipses e das retrogradações

Eclipses

Os eclipses são eventos astrológicos potentes que muitas vezes sinalizam grandes mudanças na vida e pontos de viragem. Os eclipses solares e lunares ocorrem em ciclos, influenciando áreas específicas da vida, dependendo do seu posicionamento no mapa natal.

- **Eclipses solares**: Ocorrendo durante uma Lua Nova, os eclipses solares representam novos e poderosos começos e oportunidades para um crescimento significativo. Muitas vezes, provocam acontecimentos externos que conduzem a novas direcções.
- **Eclipses lunares**: Ocorrendo durante uma Lua Cheia, os eclipses lunares destacam pontos culminantes, realizações e finais. Muitas vezes trazem à luz verdades escondidas, provocando a libertação emocional e psicológica.

Interpretação de eclipses:

- **Colocação na casa**: A casa onde um eclipse cai no mapa natal indica a área de vida mais afetada. Por exemplo, um eclipse solar na casa 10 pode significar mudanças na carreira, enquanto que um eclipse lunar na casa 4 pode trazer à tona assuntos familiares.
- **Aspectos aos planetas natais**: Os eclipses que formam aspectos fortes com planetas natais amplificam o seu impacto. Um eclipse solar em conjunção com Vénus natal pode anunciar desenvolvimentos significativos nas relações ou nas finanças.

Retrogradações planetárias

O movimento retrógrado ocorre quando um planeta parece mover-se para trás na sua órbita a partir da perspetiva da Terra. As retrogradações são períodos de reflexão, reavaliação e revisitação de temas passados.

- **Mercúrio retrógrado**: Talvez o retrógrado mais conhecido, Mercúrio retrógrado ocorre cerca de três vezes por ano durante aproximadamente três semanas. É uma altura para reconsiderar a comunicação, os planos de viagem e os assuntos tecnológicos. Mercúrio retrógrado traz frequentemente atrasos, mal-entendidos e a necessidade de rever pormenores.

- **Vénus Retrógrado**: Ocorrendo aproximadamente a cada 18 meses, Vénus retrógrado provoca uma reavaliação dos relacionamentos, valores e finanças. É uma altura para refletir sobre o amor, a beleza e o valor pessoal.
- **Marte retrógrado**: Ocorrendo aproximadamente de dois em dois anos, Marte retrógrado afecta a motivação, a ação e o desejo. É um período para reavaliar objectivos, estratégias e a forma como nos afirmamos.
- **Retrógrados de Júpiter a Plutão**: Estes planetas exteriores passam vários meses por ano em movimento retrógrado, oferecendo períodos alargados para uma introspeção profunda, mudanças sociais e trabalho transformacional. Por exemplo, Saturno retrógrado convida a uma revisão das responsabilidades e dos objectivos a longo prazo, enquanto Plutão retrógrado se concentra numa profunda transformação psicológica.

Navegando em Retrogrades:

- **Reflexão e reavaliação**: Os períodos retrógrados são ideais para a introspeção e a revisão de acções passadas. Oferecem oportunidades para corrigir erros, ganhar novas perspectivas e fazer os ajustes necessários.
- **Abrandar**: As retrogradações trazem frequentemente abrandamentos e obstáculos, encorajando uma abordagem mais deliberada e cautelosa. Este pode ser um momento benéfico para planear e preparar, em vez de iniciar novos empreendimentos.

Combinação de técnicas de previsão

Os astrólogos combinam frequentemente trânsitos, progressões, eclipses e retrógrados para fornecer uma visão abrangente das influências e tendências futuras. Esta abordagem holística oferece uma visão mais profunda sobre o momento e a natureza de eventos significativos da vida.

Estudo de caso:

Considere-se um indivíduo que está a passar por um trânsito de Saturno em quadratura ao Sol natal, uma Lua progredida a mover-se para um novo signo e um eclipse solar iminente na sua casa 7 das parcerias.

- **Trânsito de Saturno**: A quadratura Saturno-Sol indica um período desafiante que requer trabalho árduo, disciplina e reavaliação dos objectivos e da identidade. Pode trazer pressões externas e lutas internas.
- **Lua progredida**: A entrada da Lua progredida num novo signo significa uma mudança emocional e uma mudança de foco. As qualidades do novo signo irão colorir as respostas emocionais e as necessidades do indivíduo.
- **Eclipse solar**: O eclipse solar na casa 7 sugere desenvolvimentos significativos nos relacionamentos. Isto pode significar o início de uma nova parceria ou uma mudança transformadora numa já existente.

Ao sintetizar estes elementos, o astrólogo pode oferecer uma previsão matizada, destacando a interação entre os acontecimentos externos e o crescimento interno.

Conclusão

A astrologia preditiva é uma ferramenta poderosa que fornece informações valiosas sobre tendências futuras e evolução pessoal. Ao compreender os movimentos dos trânsitos, as progressões simbólicas do mapa natal e as influências significativas dos eclipses e retrogrades, os astrólogos podem oferecer orientação e previsão.

Os trânsitos revelam as influências celestes contínuas que moldam a nossa vida quotidiana, enquanto as progressões simbolizam o nosso crescimento pessoal e as fases de desenvolvimento. Os eclipses marcam momentos cruciais e pontos de viragem, e os retrocessos encorajam a reflexão e a reavaliação.

Ao dominarmos estas técnicas de previsão, podemos navegar pelos desafios e oportunidades da vida com maior consciência e sabedoria, alinhando as nossas acções com os ritmos cósmicos que guiam a nossa viagem. À medida que continuamos a explorar a vasta paisagem da astrologia, o conhecimento dos métodos preditivos permitir-nos-á tomar decisões informadas e abraçar o caminho que se desenrola com confiança e clareza.

Capítulo 7: A Astrologia nos tempos modernos

O Renascimento da Astrologia

A astrologia, uma prática antiga outrora marginalizada pela ciência dominante e pelo ceticismo, tem assistido a um renascimento notável nas últimas décadas. Este ressurgimento não é apenas uma tendência passageira, mas um movimento profundo que reflecte o anseio da sociedade contemporânea por uma ligação espiritual, auto-consciência e uma compreensão mais profunda do cosmos. Neste capítulo, exploraremos os factores que impulsionam este renascimento, o impacto da tecnologia digital e dos meios de comunicação social, e a integração da astrologia com os princípios psicológicos modernos.

Factores que impulsionam o ressurgimento

O renascimento da astrologia nos tempos modernos pode ser atribuído a vários factores inter-relacionados:

1. **Procura de sentido**: Numa era marcada por rápidos avanços tecnológicos, convulsões sociais e ansiedade existencial, muitas pessoas procuram um significado para além do mundo material. A astrologia oferece uma estrutura para compreender o lugar de cada um no universo e a interconexão de todas as coisas.

2. **Despertar espiritual**: O final do século XX e o início do século XXI assistiram a um interesse crescente pela espiritualidade, pelo bem-estar holístico e por práticas alternativas. A astrologia enquadra-se perfeitamente neste paradigma, oferecendo perspectivas que vão para além das doutrinas religiosas convencionais.

3. **Auto-descoberta**: À medida que as pessoas procuram o auto-conhecimento e o crescimento pessoal, a astrologia fornece uma ferramenta única para a introspeção e compreensão. O mapa natal serve como um espelho que reflecte as características inerentes, os desafios e o potencial de cada um, promovendo uma viagem de auto-descoberta.

O papel da tecnologia digital e das redes sociais

A revolução digital tem desempenhado um papel fundamental no ressurgimento moderno da astrologia. A Internet e as redes sociais democratizaram o acesso ao conhecimento astrológico, facilitando a exploração, a aprendizagem e a partilha de experiências. Este facto fomentou comunidades e diálogos em linha vibrantes, transformando a astrologia de um interesse de nicho num fenómeno generalizado.

1. **Recursos online**: Os sítios Web, blogues e fóruns oferecem uma grande quantidade de informações sobre astrologia, desde introduções básicas a técnicas avançadas. Geradores de mapas natais gratuitos e horóscopos detalhados estão prontamente disponíveis, permitindo que as pessoas explorem seus perfis astrológicos com facilidade.

2. **Plataformas de redes sociais**: Plataformas como Instagram, Twitter, TikTok e YouTube tornaram-se centros de conteúdo astrológico. Astrólogos e entusiastas partilham ideias, memes e horóscopos diários, tornando a astrologia acessível e cativante para um público diversificado.

3. **Aplicações móveis**: As aplicações de astrologia, como Co-Star, The Pattern e Sanctuary, fornecem leituras astrológicas personalizadas, previsões diárias e recursos educativos. Estas aplicações utilizam interfaces de fácil utilização e características inovadoras para trazer a astrologia para a vida quotidiana de milhões de pessoas.

4. **Comunidades virtuais**: Fóruns, grupos e páginas de redes sociais online permitem que os utilizadores se liguem, partilhem experiências e procurem orientação. Estas comunidades criam um sentimento de pertença e apoio, reforçando a relevância da astrologia na vida moderna.

Astrologia e psicologia

Um dos desenvolvimentos mais significativos da astrologia moderna é a sua integração com princípios psicológicos. Esta abordagem, muitas vezes referida como astrologia psicológica, vê o mapa natal como um mapa da psique, oferecendo uma visão profunda do mundo interior de cada um e do seu desenvolvimento pessoal.

O surgimento da Astrologia Psicológica

A astrologia psicológica surgiu em meados do século XX, influenciada pelo trabalho de astrólogos e psicólogos proeminentes que procuraram colmatar o fosso entre estas duas disciplinas. Figuras notáveis incluem:

1. **Carl Jung**: O famoso psicólogo suíço e fundador da psicologia analítica, Jung explorou as dimensões simbólicas e arquetípicas da astrologia. Considerou o mapa natal como um reflexo da mente inconsciente e utilizou símbolos astrológicos para compreender os padrões psicológicos e a individuação.

2. **Dane Rudhyar**: Astrólogo e autor pioneiro, Rudhyar introduziu o conceito de astrologia humanista, que enfatiza o crescimento pessoal, a auto-realização e o desenvolvimento holístico do indivíduo. Ele integrou percepções astrológicas com teorias psicológicas, defendendo uma abordagem mais matizada e transformadora da astrologia.

3. **Liz Greene**: Astróloga contemporânea e analista junguiana, Greene tem feito contribuições significativas para a astrologia psicológica através dos seus escritos e ensinamentos. Ela enfatiza o potencial terapêutico da astrologia na compreensão e cura de feridas psicológicas.

Conceitos-chave da Astrologia Psicológica

A astrologia psicológica centra-se em vários conceitos-chave que a distinguem das abordagens tradicionais:

1. **O mapa natal como um projeto psicológico**: O mapa natal é visto como uma representação simbólica da psique do indivíduo, revelando traços inerentes, motivações e desafios. Cada planeta, signo e casa corresponde a diferentes aspectos da personalidade e das experiências de vida.

2. **Arquétipos e Símbolos**: Com base na psicologia junguiana, a astrologia psicológica interpreta os símbolos astrológicos como arquétipos - padrões e temas universais presentes no inconsciente coletivo. Por exemplo, Saturno representa o arquétipo do Velho Sábio ou da Autoridade Interior, significando disciplina, responsabilidade e amadurecimento.

3. **Crescimento pessoal e cura**: A astrologia psicológica enfatiza o potencial de crescimento pessoal e cura através da auto-consciência. Ao compreender a dinâmica do seu mapa natal, os indivíduos podem obter informações sobre as suas motivações inconscientes, padrões recorrentes e áreas de potencial transformação.

4. **A Integração da Sombra e da Luz**: O conceito de Sombra de Jung - os aspectos inconscientes da personalidade que são frequentemente reprimidos ou negados - desempenha um papel crucial na astrologia psicológica. Reconhecer e integrar esses aspectos da sombra é essencial para o desenvolvimento holístico e a auto-aceitação.

Aplicações práticas da Astrologia Psicológica

A astrologia psicológica oferece ferramentas práticas para a auto-exploração e o trabalho terapêutico:

1. **Aconselhamento astrológico**: Muitos astrólogos modernos incorporam princípios psicológicos nas suas práticas de aconselhamento, ajudando os clientes a enfrentar os desafios da vida, a compreender a dinâmica relacional e a promover o crescimento pessoal. O aconselhamento astrológico pode ser um complemento poderoso à terapia tradicional, oferecendo perspectivas e percepções únicas.

2. **Autorreflexão e diário**: Os indivíduos podem utilizar o seu mapa natal como guia para a autorreflexão e para a escrita de diários. Ao explorar os significados dos diferentes posicionamentos e aspectos planetários, podem descobrir camadas mais profundas da sua psique e obter clareza sobre o seu percurso de vida.

3. **Workshops e cursos**: Workshops e cursos sobre astrologia psicológica oferecem oportunidades para os indivíduos aprenderem e aplicarem estes conceitos num ambiente de grupo de apoio. Estes programas incluem frequentemente meditações guiadas, exercícios interactivos e discussões para facilitar a transformação pessoal.

Conclusão

O ressurgimento da astrologia nos tempos modernos reflecte um desejo profundo de ligação, significado e auto-consciência. A era digital revolucionou o acesso ao conhecimento astrológico, fomentando comunidades vibrantes e tornando a astrologia um fenómeno cultural generalizado. Ao mesmo tempo, a integração de princípios psicológicos enriqueceu a astrologia, oferecendo uma visão profunda da psique humana e do potencial de crescimento e cura pessoal.

À medida que continuamos a navegar pelas complexidades da vida moderna, a astrologia serve como uma ferramenta valiosa para nos compreendermos a nós próprios e ao nosso lugar no universo. Quer seja através da exploração de trânsitos e progressões, do poder simbólico de eclipses e retrocessos, ou do potencial transformador da astrologia psicológica, esta prática antiga continua a ser um guia relevante e poderoso na nossa viagem de auto-descoberta e despertar espiritual.

Ao abraçarmos a sabedoria das estrelas e ao integrá-la com os conhecimentos psicológicos modernos, podemos desbloquear novas dimensões de compreensão e capacitação, enriquecendo as nossas vidas e promovendo uma ligação mais profunda com o cosmos.

Conclusão: A eterna dança das estrelas

A astrologia, com raízes que remontam a civilizações antigas, continua a ser uma prática intemporal e cativante que continua a inspirar-nos e a guiar-nos no mundo moderno. Como uma eterna dança das estrelas, a astrologia oferece um quadro profundo para a compreensão da interconexão do cosmos e das nossas vidas individuais. Nesta conclusão, reflectimos sobre a relevância duradoura da astrologia e o seu papel na promoção de uma ligação mais profunda aos mistérios do universo.

Abraçar a Sinfonia Celestial

A astrologia convida-nos a explorar a sinfonia celestial - uma interação harmoniosa de planetas, estrelas e energias cósmicas que moldam o nosso mundo e os nossos destinos. Através da lente da astrologia, vislumbramos a ordem subjacente e a inteligência do universo, reconhecendo que somos todos parte de uma tapeçaria cósmica maior.

Percepções sobre o eu e o universo

À medida que mergulhamos nas profundezas da astrologia, descobrimos conhecimentos profundos sobre nós próprios e sobre o nosso lugar no grande esquema das coisas. O mapa natal serve como um mapa dos nossos pontos fortes, desafios e potenciais únicos, guiando-nos numa viagem de auto-descoberta e crescimento pessoal. Ao estudar os movimentos dos planetas, obtemos uma compreensão mais profunda dos ritmos da vida e da natureza cíclica da existência.

Uma ligação mais profunda

A astrologia promove uma ligação mais profunda com os ritmos da vida e com as estrelas acima, lembrando-nos da nossa interconexão com o cosmos. Num mundo marcado por rápidas mudanças e incertezas, a astrologia proporciona uma fonte de consolo e orientação, oferecendo uma sabedoria intemporal que transcende as fronteiras culturais e as épocas históricas.

A viagem continua

À medida que embarcamos na nossa viagem pela vida, a sabedoria da astrologia continua a ser uma companheira inabalável, iluminando o nosso caminho e guiando-nos através das correntes sempre em mudança da existência. A cada dia que passa, testemunhamos a eterna dança das estrelas - um ballet cósmico que nos recorda a beleza e a maravilha do universo.

No final, a astrologia é mais do que apenas uma ferramenta divinatória ou um sistema de símbolos - é uma expressão viva e respiratória do próprio cosmos. Ao mergulharmos nos seus mistérios, somos atraídos para uma relação mais profunda com o universo, despertando para as infinitas possibilidades que se encontram dentro e fora dele. Na eterna dança das estrelas, encontramos consolo, inspiração e a promessa de uma viagem cheia de maravilhas e descobertas.

Referências

[1] Astrologia . Encyclopædia Britannica.

[2] Jeffrey Bennett, Megan Donohue, Nicholas Schneider, Mark Voit (2007).

A perspetiva cósmica (4ª ed.). SanFrancisco, CA: Pearson/Addison-Wesley. pp. 82-84.ISBN 0-8053-9283-1.

[3] Kassell, Lauren (5 de maio de 2010)." Estrelas, espíritos, sinais: para uma história da astrologia 1100-1800". Estudos em História e Filosofia da Ciência Parte C: Estudos em História e Filosofia das Ciências Biológicas e Biomédicas 41 (2): 67–69. doi:10.1016/j.shpsc.2010.04.001.

[4] David E. Pingree, Robert Andrew Gilbert." Astrologia -Astrologia nos tempos modernos " . Encyclopædia Britannica.Retrieved 7 October 2012.

[5] Vishveshwara, editado por S.K. Biswas, D.C.V. Mallik,C.V. (1989). Perspectivas Cósmicas: Essays Dedicated tothe Memory of M.K.V. Bappu (1. ed. pública). Cam-bridge, Inglaterra: Cambridge University Press. ISBN 0-521-34354-2.

[6] Riske, Kris (2007). Livro Completo de Astrologia de Llewellyn . Minnesota, EUA: Publicações Llewellyn. pp. 5-6;27. ISBN 978-0-7387-1071-6.

Printed by Books on Demand GmbH, Norderstedt / Germany